rum cranberry ice cream

U0288882

这一纸甜蜜 等你来收藏

日子
一天天 一年年
春去秋来 花谢再开
我用画笔烘焙出一道道甜甜的料理
唤醒每天清晨沉睡的你
给你惊喜
有时它们是慕斯 曲奇 有时是还没烤好的饼皮
它们不比天宫上的丹药丸泥
但足够让你回味沉迷
希望我的一天一甜能够走进你的生活里

by biiig bear

一天1甜

Daily Sweetness with Dessert

biiig bear 暖 心 甜 品 绘

赵甜珊 ◎ 著

江西美术出版社
全国百佳出版单位

第一周

第二周

第三周

目　录
contents

第四周

第五周

第六周

第七周

第九周

第八周

第一周
1st week

木瓜芒果

西米露

食　　材：木瓜 1 个，芒果 1 个，冰牛奶 200g

做　　法：

1. 西米洗净，大火煮 15 分钟左右，煮到西米呈半透明状关火，盖上盖子焖一会儿，焖至透明状捞出，再过几遍凉水。

2. 木瓜洗净对切，去掉瓤和籽，将煮好的西米放到木瓜中。

3. 取半个木瓜，用勺挖出木瓜球，芒果切丁，放到木瓜中，倒入冰牛奶即完成。好甜的朋友可以适量加一些蜂蜜，口感更佳。

食　材：玉米油 30g，可可粉 15g，鸡蛋 3 个，牛奶 40g，朗姆酒 5g，低筋面粉 40g，细砂糖 40g，淡奶油 300g

做　法：

1. 将玉米油倒入锅中，小火加热至 60 度左右，加入过筛的可可粉和蛋黄拌匀。

2. 可可糊中加入牛奶和朗姆酒，搅拌均匀，筛入低筋面粉继续搅拌均匀。

3. 蛋白分三次加入细砂糖，打至 9 分发，将蛋白倒入可可糊中搅拌均匀，呈浓稠状。

4. 将蛋糕糊倒入模具中，放入预热的烤箱中，调至 180 度，30~40 分钟。

5. 蛋糕烤好后，脱模，切成三片备用。

6. 在蛋糕片上刷一层蜂蜜或果酱。

7. 淡奶油打至 7 分发，涂抹于蛋糕片上，放上些草莓粒，层层如此。

8. 顶层用蓝莓和草莓装饰，筛上糖粉，大功告成。

草莓

裸蛋糕

豆沙 / 吐司卷

食　材：吐司1片，
鸡蛋1个，豆沙适量

做　法：

1.吐司切边，擀面杖
擀薄，均匀地铺上豆
沙，用勺子稍稍压平。
注意不要铺满，吐司
两边各留出5毫米左
右的边，方便卷起。

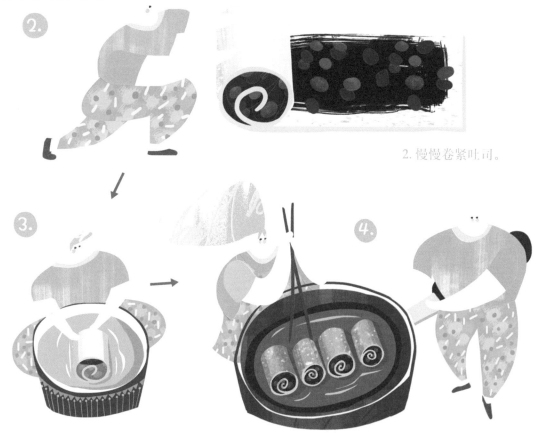

2.慢慢卷紧吐司。

3.蛋液打均匀，将吐司卷放入蛋
液里滚几圈，使之浸满蛋液。

4.平底锅放油，小火煎至金黄，
取出，中分切两半，盛盘。

香蕉可可

马芬

食　材：低筋面粉 100g，香蕉 1 根，泡打粉 1 小匙，小苏打 1/4 匙，可可粉 15g，鸡蛋 1 个，红糖 80g，植物油 50g，牛奶 60g

做　法：

1. 香蕉去皮打成泥。

2. 低筋面粉、泡打粉、小苏打、可可粉混合过筛。

3. 鸡蛋打散，加入植物油、牛奶、红糖，搅拌均匀，倒入

香蕉泥中，继续搅匀。

4. 把过筛后的面粉倒入步骤 3 的混合物里，用刮刀搅拌，至颗粒状即可，不必搅拌太长时间。

5. 装入纸杯，放入预热好的烤箱中烤焙。放入烤箱中层，调至上下火 170 度，25~30 分钟即可出炉。

奥利奥香草

冰激凌

Day 3

食　材：淡奶油 230g，蛋黄两个，牛奶 20g，椰浆 20g，糖 30g，香草精 5g，奥利奥碎屑 50g

做　法：

1. 将蛋黄、牛奶、椰浆、糖、香草精混合，搅拌均匀。

2. 把步骤 1 的混合物隔水加热至黏稠，过程中不断搅拌以避免结块。

3. 淡奶油打至 8 成发，加入冷却后的混合物，搅拌均匀放冰箱冷冻，每隔 30 分钟取出，用打蛋器搅拌，重复 3 次，最后一次搅拌时加入奥利奥碎屑，放回冰箱冷冻至凝固，细滑爽口的香草冰激凌就做好啦。

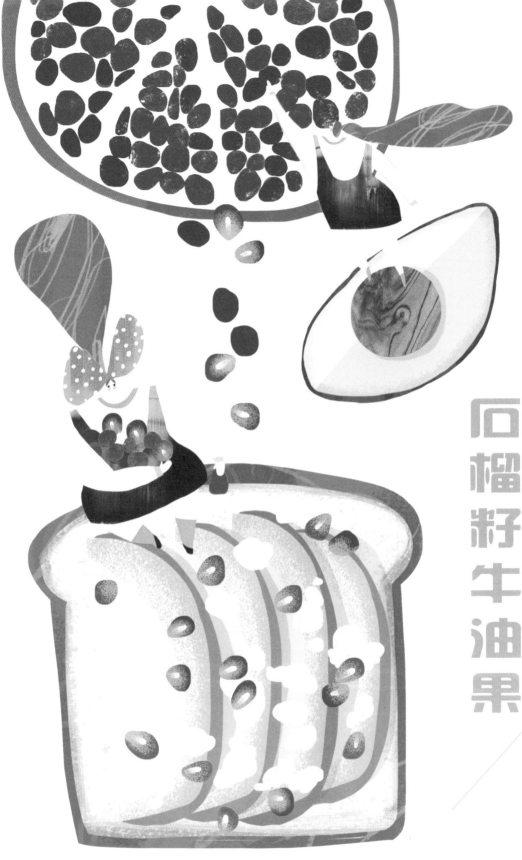

石榴籽牛油果

吐司

食　材：全麦吐司1片，牛油果半个，石榴籽若干，山羊奶酪10g

做　法：

1. 全麦吐司单面烤焦。

2. 牛油果切片。石榴洗净，剥出石榴籽备用。

3. 将牛油果片逐一摆放到吐司上，撒上石榴籽和山羊奶酪碎屑，简单快捷又营养的牛油果吐司就做好啦。

抹茶奥利奥

纸杯蛋糕

食　材：鸡蛋两个，色拉油 10g，牛奶 15g，面粉 30g，醋两滴，
奶油奶酪 70g，黄油 20g，糖粉 40g，抹茶粉 1 匙

做　法：

1. 将蛋白和蛋黄分离，先在蛋黄中加入色拉油和牛奶搅拌均匀，
随后筛入面粉，搅拌至无颗粒状。

2. 蛋白中加入糖和醋打发至硬性发泡。

3. 蛋黄液和蛋白液混合均匀装模，放入烤箱，上下火 160 度烤 40
分钟，烤好后取出备用。

4. 奶油乳酪和黄油室温软化，放入碗中搅拌至顺滑状，加入糖粉
和抹茶粉，继续搅拌至顺滑。

5. 将抹茶糖霜装入裱花袋，在蛋糕顶部由外向内画圈挤出雪山的
形状，再装饰上一片奥利奥，撒些糖粒即可。

第二周
2nd week

火龙果 / 果酱

Day 1

食　材：红心火龙果 500g，冰糖 150g，柠檬汁 30g

做　法：

1.将火龙果洗净去皮，用刀切成小块，再用勺子捣碎，喜欢细腻口感的可以用榨汁机搅碎。

2.将捣碎的火龙果加入冰糖，大火烧开后转小火慢慢熬煮，要不时翻拌，以免糊底。

3.煮至稍浓稠时，加入柠檬汁继续翻拌至黏稠状即可。

4.将果酱倒入密封罐，完成。冷冻后口感更佳。（注意密封罐要提前消毒哦）

草莓／奶昔

Day 2

食　材：牛奶 300g，草莓若干，柠檬 1/2 个，白砂糖适量，奶油适量

做　法:

1. 准备 300g 牛奶,取出 30g 加入两个蛋黄和适量白砂糖,搅拌均匀。

2. 加热剩余的 270g 牛奶至沸腾。

3. 将步骤 1 中的牛奶混合溶液倒入加热后的牛奶中,轻轻地搅拌、直至浓稠状,在上边盖上一片防油纸,静置冷却。

4. 把草莓洗净,切块,放入搅拌机里,加入适量柠檬汁和白砂糖,搅拌至浓稠。

5. 将草莓汁和牛奶溶液混合搅拌,加入少量奶油。

6. 搅拌好后,倒入杯子中,顶端装饰一颗小草莓即可。

桂花香橙

慕 斯 杯

Day 3

食　材：香橙布丁层：甜橙 1 个，吉利丁片 1/2 片，蜂蜜 20g；

　　　　慕斯层：鲜奶油 100g，浓缩橙汁适量，吉利丁片 6g，君度橙酒适量；

　　　　桂花镜面层：干桂花 5g，蜂蜜 20g，温水适量，吉利丁片 1/2 片。

做　法：

1. 第一步，制作糖渍橙皮。先将橙子去皮，切丝，用水稍煮一下以去掉橙皮的涩味，然后加入细砂糖，开小火熬煮至粘稠状。

2. 将吉利丁片冷水泡软，泡软后隔水加热至融化，放凉后备用。

3. 橙子去皮留肉（白色的皮也尽量去除干净），用搅拌机制成果泥并加入蜂蜜。

4. 在糖渍橙皮中放入吉利丁溶液，凝固后成为底部的香橙布丁层。

5. 鲜奶油打发至 5 分发，加入浓缩橙汁、吉利丁液和一些君度橙酒，凝固后成为中间的橙汁慕斯层。

6. 桂花糖中加入吉利丁液，搅拌均匀，成为顶部的桂花镜面。

7. 将做好的慕斯杯放入冰箱冷藏 4 个小时左右，即可食用。

樱花慕斯

蛋糕

食 材：

蛋糕部分：8 寸戚风蛋糕；

慕斯部分：奶油奶酪 130g，淡奶油 130g，牛奶 100g，砂糖 30g，吉
利丁片 1 片，蓝莓干若干，朗姆酒 1 小匙；

镜面部分：盐渍樱花适量，纯净水适量，柠檬汁 1 小匙，吉利丁 1 片。

做 法：

1. 樱花用热水泡开。

2. 戚风蛋糕做底（怕慕斯口感太腻可以将蛋糕底做厚一些，慕斯少一些）。

3. 将蓝莓干用朗姆酒浸泡。

4. 取一片吉利丁片用冷水浸泡 5 分钟，泡软后沥干水分备用。

5. 将奶油奶酪打至软滑，牛奶加热到起泡，放入砂糖，搅拌至糖融化，加
入吉利丁片，关火，搅拌融化，放凉，降温后加入奶酪中快速搅匀，再与
打到 6 分发的奶油（淡奶油呈半流动状态）和泡好的蓝莓干，搅拌均匀，
把蛋糕底铺入模具，将混合后的慕斯液倒入模具冷藏 4 小时以上。

6. 等慕斯彻底凝固后，开始做镜面。把纯净水加适量糖和柠檬汁，再加上
1 片吉利丁片溶液搅拌均匀，轻轻沿着慕斯圈边缘倒入。最后放入盐渍花瓣，
放冰箱冷藏至凝固。凝固后取出脱模（可以用电吹风沿着边缘吹几遍，就
可以轻松脱模了）。

木糠杯

Day 5

食　材：玛利亚饼干 100g，淡奶油 200g，炼乳 20g

做　法：

1. 将玛利亚饼干（如没有可用其他酥性饼干代替）用搅拌机或擀面杖制成饼干沫。

2. 将奶油打至 5 分发，加入炼乳，打至 8 分发，成霜状。

3. 将奶油装入裱花袋备用。

4. 在杯子底部放一层饼干沫，用勺子压实，挤上一层奶油，以此类推，再在最上边一层放上饼干沫压实。

5. 最后点缀少许水果，放入冰箱冷藏口感更佳。

蜂蜜黄油

面包干

Day 6

食　材：法棍 1 根，黄油 5g，蜂蜜 120g，砂糖适量，海盐 5g

做　法：

1. 将法棍切成 1 厘米左右的面包片。

2. 烤盘上放上烘焙纸，将面包片整齐地摆放到烘焙纸上。

3. 将黄油放入小锅中小火化开，融化即可，不需煮开。加入蜂蜜和一小勺盐，搅拌均匀。

4. 用刷子将面包片周身都刷上黄油溶液，最后在每个表面撒上白砂糖。

5. 预热烤箱 185 度，中层上下火，大约 18~25 分钟，酥脆金黄的蜂蜜黄油面包干就做好啦。

巴哈利

Day 7

食　材：面粉 350g，植物油 170g，白糖 120g，蜂蜜 120g，泡打粉 5g，小苏打 5g，牛奶 110g，鸡蛋 4 个，葡萄干适量，核桃适量

做　法：

1. 将鸡蛋打散，加入糖和蜂蜜，搅拌均匀。

2. 分三次加入植物油，搅拌均匀。

3. 把核桃切碎，和葡萄干一同放进鸡蛋糊中（不要放全部，留一些最后撒在巴哈利上做装饰），加入小苏打和泡打粉，搅拌均匀。

4. 倒入牛奶，搅匀后，分 3 到 4 次筛入面粉搅拌均匀，搅拌至浓稠状即可。

5. 将面糊倒入模具中，磕两下，将里面的气泡摔出来。撒上剩余的核桃碎作装饰。

6. 烤箱预热上下火 150 度，烤 50 分钟左右，取出，脱模后即可食。

第三周
3rd week

水果奶油

三明治

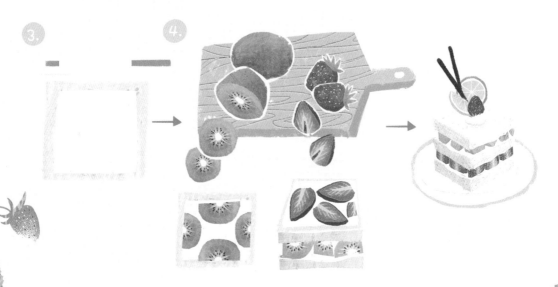

Day 1

食　材：吐司3片，淡奶油100g，细砂糖适量，草莓若干，猕猴桃1个

做　法：

1.将吐司去边切片。

2.淡奶油中加入细砂糖打至8分发，草莓、猕猴桃洗净切片。

3.将吐司片涂上奶油铺上猕猴桃片。

4.再盖上一片吐司，再涂上奶油后铺上草莓片，再盖上一片抹了奶油的吐司片，完工！

玫瑰恋人

曲奇

Day 2

食　材：无盐黄油 90g，低筋面粉 150g，糖粉 30g，鸡蛋 1 个，盐 2g，玫瑰花原浆 70g，干玫瑰花瓣若干

做　法：

1. 将黄油软化，筛入糖粉，打蛋器打发至蓬松状态，加入蛋液搅拌均匀。

2. 将玫瑰花瓣剪碎，继续搅拌，随后倒入玫瑰原浆搅拌均匀。

3. 加入过筛的低筋面粉搅拌均匀。

4. 将面糊放入裱花袋中（裱花嘴可选用中号 6 齿曲奇嘴），在铺好烘焙纸的烤盘上由内向外旋转挤出玫瑰花的形状，直径 3~4 厘米即可。

5. 烤箱预热 180 度，烘烤 15 分钟即可。

柠檬／薄荷饮

Day 3

食　材：柠檬半个，薄荷适量，蜂蜜适量

做　法：

1.将柠檬洗净，切片，放几片到壶中，数量视口味而定。

2.把薄荷叶洗净。

3.冲入开水，晾凉后可加入适量蜂蜜或冰块。（蜂蜜一定要等水凉后再放，这样营养成分不易流失）

柠檬

玛德琳

Day 4

食　材：低筋面粉 50g，泡打粉 2g，鸡蛋 1 个，柠檬 1 个，细砂糖 40g，无盐黄油 50g，盐 3g

做　法：

1. 柠檬用盐浸泡一下，洗净，用刀子刮出柠檬屑，与细砂糖拌匀，静置一个半小时左右。

2. 等柠檬屑飘香后，加入全蛋液，用打蛋器搅拌均匀，注意不要将蛋打发。

3. 筛入低粉和泡打粉，搅拌均匀。

4. 将黄油用微波炉融化，趁热倒入面糊里，快速拌匀。注意面糊不要太稠，呈缓缓流动状即可。

5. 在面糊上盖上保鲜膜，冷藏至少 1 小时。

6. 模具涂上黄油，将面糊缓缓倒入模具中，九分满，烤箱预热 180 度，15 分钟。

7. 烤好后，趁热脱模，香喷喷的柠檬玛德琳就做好啦。

Day 5

食　材：圆糯米 100g，干玫瑰花若干，蜂蜜适量

做　法：

1. 将糯米洗净，放水上锅大火蒸 20 分钟（水与米的比例约为 2∶3）。

2. 干玫瑰花去蒂，揉碎备用。

3. 蒸好的糯米放凉，取一小团搓圆，在玫瑰花碎里滚一下，使花瓣碎均匀地沾到丸子四周。如此反复，将玫瑰丸子逐一做好。

4. 将做好的丸子排放到盘子中，淋上少许蜂蜜，可爱的玫瑰糯米丸子就做好了。

南瓜

黄金球

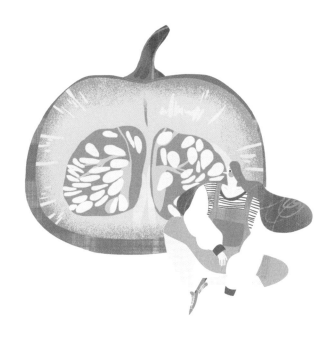

Day 6

食　材：南瓜 200g，糯米粉 200g，细砂糖 20g，白芝麻适量

做　法：

1. 将南瓜去皮去瓤洗净，蒸熟后捣成南瓜泥，放凉备用。

2. 在南瓜泥中加入细砂糖和糯米粉，揉成面团。

3. 将面团分成大小均匀的小面团，搓圆，然后放到芝麻里面来回滚几下，使面团表面裹满芝麻。

4. 在锅中倒油，油量要大，至少保证没过黄金球，油锅烧到 5 成热时，将裹好芝麻的圆球沿着锅边滚进油锅里面，待油锅烧开后转小火，待芝麻球开始上浮时，开始反复按压，力道要轻，反复按压多次，这样做可使黄金球成型较圆并且中空。

5. 待面团炸至金黄、体积变大时，即可出锅。

紫薯

燕麦粥

Day 7

食　材：紫薯1个，酸奶1小瓶，纯净水适量，即食燕麦适量，
水果、干果适量

做　法：

1. 将紫薯洗净上锅蒸熟，去皮。

2. 将紫薯、酸奶和纯净水一并倒入搅拌机中打成奶昔状。

3. 把即食燕麦和紫薯奶昔一并倒入碗中搅拌均匀，用勺子抹平，
再淋上一些奶昔，盖上保鲜膜，密封后放入冰箱冷藏一夜，第二
天早上取出后装饰上水果、干果后即可食用。

第四周

4th week

蔓越莓

饼干

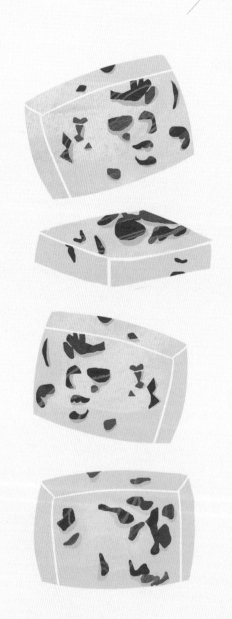

Day

食　材：低筋面粉 115g，黄油 75g，糖粉 50g，全蛋液 15g，蔓越莓 40g

做　法：

1. 黄油软化后加入糖粉，搅拌均匀，注意不要打发。

2. 加入全蛋液，继续搅拌。加入切碎的蔓越莓干，筛入低筋粉，揉成面团。

3. 用手把面团随喜好整形成长方体或圆柱体．放入冰箱冷冻至硬（大约需要 1 小时）。

4. 取出冷冻好的面团，用刀切成厚约 7 毫米左右。这个时候可以预热烤箱：上下火，180 度。

5. 将面团片放入预热好的烤箱中层，调至 180 度，烘烤约 15 分钟（因各个烤箱性能不同，具体按个人烤箱温度为准，烤至表面金黄即可）。

6. 喷香扑鼻的蔓越莓饼干就出炉了。

蓝莓／慕斯蛋糕

食　材：8寸戚风蛋糕，淡奶油200g，牛奶50g，蓝莓果酱120g，砂糖30g，蓝莓适量，吉利丁3片

做　法：

1. 准备好戚风蛋糕。用蛋糕模具印在蛋糕体上切出圆形。

2. 将吉利丁用冷水浸泡，泡软后加入到牛奶和砂糖中，开小火加热，不断搅拌，至吉利丁完全融化，关火晾至室温。

3. 凉后加入到果酱中，与果酱搅拌均匀。

4. 淡奶油打至7分发。

5. 将冷却的果酱混合物加入打发的淡奶油中，搅拌均匀，倒入放有蛋糕片的模具冷藏4个小时左右（将整个模具包裹上锡纸，便于慕斯脱模）。

6. 待冷却后取出，蓝莓慕斯完成。

苹果派

食　材：

派皮部分：低筋面粉 250g，黄油 80g，糖 20g，盐 2g，鸡蛋 1 个；馅料部分：苹果 4 个（约 550g），柠檬 1/2 个，黄桃 1/2 个，砂糖 60g，黄油 50g。

做　法：

1. 黄油于室温软化后加入鸡蛋搅拌均匀，再分别加入低筋面粉、糖、盐、清水，揉成面团，用保鲜膜包好后冷藏一小时左右。

2. 苹果削皮去籽，切成小块备用，锅中黄油加热直至充分融化，根据口味喜好倒入适量砂糖搅拌完全融化后倒入苹果粒。翻炒苹果粒，待其充分受热软化，挤入柠檬汁。半个柠檬即可，再加入黄桃。待苹果变软、锅内水基本收干后，熄火，放凉备用。

3. 将准备好的面团取出，擀成派皮，放入派盘，用擀面杖压去多余的派皮。

4. 把苹果馅置于派皮中。

5. 将剩余的派皮切成均匀的条状，交叉摆放在派盘上，刷上少许蛋液。

6. 烤箱预热200度后放入苹果派，烤15分钟后温度调至170度，烤25分钟左右，烤至表面金黄，香甜诱人的苹果派就做好了。

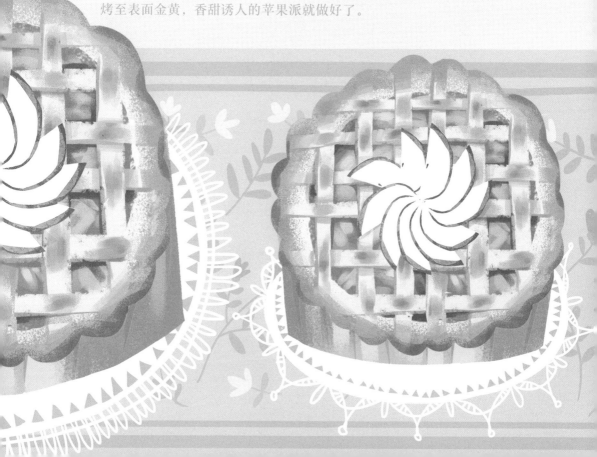

草莓慕斯

食　材：8 寸戚风蛋糕，鲜奶油 300g，草莓果酱 50g，草莓 400g，砂糖 35g，吉利丁两片，朗姆酒 1 匙

做　法：

1. 蛋糕切成模具大小，垫入模具底部备用。吉利丁片用冰水浸泡 5 分钟。

2. 将草莓搅打成果泥，和砂糖混合，放入锅中加热，再放入泡软的吉利丁片，搅拌至融化即可关火，稍凉后加入朗姆酒拌匀。

3. 将鲜奶油与砂糖混合，打发至 6 成，至浓稠状，跟草莓果泥混合均匀倒入垫了蛋糕片的模具中，放冰箱冷冻 15 分钟。

4. 将草莓果酱 50 克，清水 30 克混合，加热搅拌，加入剩余的吉利丁，搅拌至吉利丁融化关火。

5. 从冰箱取出表面基本凝固的草莓果泥奶油，慢慢将果酱层倒入表面，再放入冰箱冷藏 4 小时以上即可食用。

红豆酒酿

食　材：红豆半碗，酒酿一碗，冰糖适量

做　法：

1. 红豆洗净泡一晚上。

2. 红豆用高压锅煮烂，煮至粘稠时，趁热按照喜甜口味加入适量冰糖，待冰糖融化后，关火，晾凉后放入冰箱冷藏。

3. 食用前按照红豆和酒酿1:2的比例将其倒入碗中，加入适量纯净水，即可食用。

蓝莓酸奶

松饼

食　材：低筋面粉 120g，酸奶 1 小瓶（约 60g），鸡蛋 3 个，细砂糖 40g，盐 1g，泡打粉 1g，小苏打 5g

做　法：

1. 鸡蛋加入细砂糖，用打蛋器充分打发，将酸奶倒入蛋液中搅拌均匀。

2. 将过筛后的低筋面粉、盐、泡打粉和小苏打倒入酸奶鸡蛋液中混合均匀，静置十几分钟。

3. 将蓝莓洗净放入面糊中（留一部分摆盘时用），用勺子盛适量面糊倒入平底锅中（也可用专门制作松饼的模具煎）。

4. 用小火煎至表面起气泡并完全凝固，大约 3 分钟，翻面用小火继续煎约半分钟即可（煎好的松饼一面呈棕黄色，一面呈淡黄色）。

5. 盛盘后淋上蜂蜜，摆上剩余的蓝莓装饰即可。

芒果黑糯米甜甜

食　材：黑糯米 100g，芒果 1 个，糖 25g，椰浆 150g

做　法：

1. 将黑糯米放入水中，在冰箱里冷藏一夜，隔天用电饭锅煮一下。
多加一些水，煮到糯米发软，如果发现煮了一次后还有些硬可加
水再煮第二遍（嫌麻烦的话可在超市买成品的黑糯米团子）。

2. 煮好的黑糯米静置冷却。冷却后加糖拌匀，揉成饭团。

3. 在碗中倒入椰浆，可随口味加入一些冰块碎，随后放入糯米团子，
芒果去皮切块，放到椰浆中即可。

第五周

5th week

芒果慕斯

食　材：消化饼干 80g，黄油 40g，淡奶油 250g，吉利丁两片，朗姆酒 1 匙，细砂糖 30g，芒果 1 个

做　法：

1. 吉利丁用冷水泡 5~10 分钟，待柔软后备用。

2. 将消化饼干捣碎，加入融化后的黄油，搅拌均匀，放入蛋糕模具的底部，压实后放入冰箱冷藏。

3. 芒果去皮去核后用搅碎机打成泥，将果泥和糖混合，再加入牛奶加热，温热时加入泡软的吉利丁片，不断搅拌至吉利丁融化，关火晾晾。

4. 将鲜奶油和细砂糖混合打至六分发泡，加入朗姆酒和芒果丁拌匀，最后与果泥糊混合拌匀，倒入模具入冰箱冷藏至凝固，食用时表面用糖果、巧克力和芒果粒等作装饰。

椰蓉 / 纸杯蛋糕

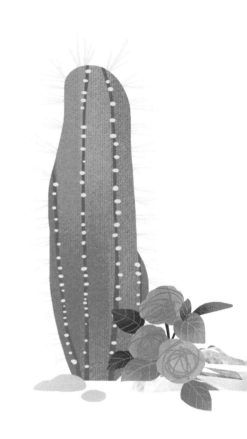

食　材：低筋面粉 70g，鸡蛋两个，砂糖 50g，植物油 25g，牛奶 30g，椰蓉适量

做　法：

1. 准备好鸡蛋，将蛋清和蛋黄分离备用。

2. 在蛋黄中加入砂糖，打发至糖融化，再加入植物油搅拌成蛋黄酱。

3. 在蛋黄酱中倒入牛奶搅拌均匀（若想让椰子口味浓一些，可以替换成椰奶），然后筛入低筋面粉搅拌至无颗粒状，再加入椰蓉搅拌均匀。

4. 蛋白加入砂糖打至 10 成发。

5. 将打好的蛋白倒入蛋黄酱中，搅拌均匀后倒入纸杯中，烤箱预热至 180 度，烤 25 分钟左右再出炉，最后在蛋糕顶端撒上少许椰蓉即可。

奇异果 / 果冻

食　材：奇异果 1 个，吉利丁粉 10g，柠檬汁 60g，白砂糖 75g，水 200g

做　法：

1. 将奇异果切成小丁，和白砂糖、柠檬汁和 100 毫升水一起放入碗中，用微波炉加热；备好 100 毫升冷水，将吉利丁粉倒入其中，待粉末吸足水后，搅拌至融化。

2. 将加热好的果汁过滤，滤出奇异果丁后，取一部分放入吉利丁粉中，搅拌融化，再倒入加热好的奇异果汁中，搅拌均匀。

3. 将盛有混合果汁的碗放入冰水中，不停搅拌，直至冷却。

4. 将混合汁分装入果冻模具中，第一次只倒入 1/3，然后放入剩余奇异果丁，放入冰箱中，待果汁凝固后再倒入剩余的果汁，放入剩余的奇异果丁，这样可以使水果分布均匀。

5. 待模具中的果汁凝固、脱模，奇异果果冻就完成啦。

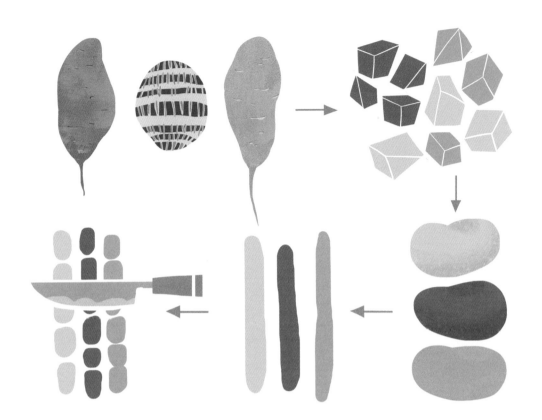

地瓜芋芳

芋圆

食　材：红心地瓜 300g，芋芴 300g，紫薯 300g，地瓜淀粉 450g，马铃薯淀粉 100g

做　法：

1. 紫薯、红薯和芋芴，分别去皮切块。

2. 隔水蒸熟。蒸熟后分别开始做芋圆。先从红薯开始。

3. 红薯捣成泥备用。

4. 备好地瓜淀粉（地瓜淀粉和地瓜泥的比例大概是 1:2）和马铃薯粉，在粉中倒入少量开水，用筷子迅速搅拌后，捏成团。

5. 加入红薯泥和白糖，稍稍揉匀。

6. 由于红心地瓜含水分比较多，所以这个时候面团可能会沾手，若有些粘，可以适量加入少量地瓜淀粉继续揉匀，揉到面团光滑且不粘手即可，这样揉出的芋圆会比较Q弹。

7. 仿照红薯面团的方法继续制作紫薯和芋芴芋圆（紫薯不如红薯水分多，比较干，可以加少量地瓜淀粉；芋芴比较粘，加入地瓜粉可以少量多次，揉的时间长些）。

8. 三种口味的面团都揉好后，搓成长条，切小块。

9. 接下来就要煮芋圆了。首先将水煮开，下芋圆，然后用大火煮，直到所有芋圆都浮起，继续煮 2~3 分钟（煮的时间可根据你做的芋圆大小而定）。最后将煮好的芋圆盛盘，Q弹软糯的地瓜芋芴芋圆就做好啦。

日式红豆饼

Day 5

食　材：高筋面粉 170g，低筋面粉 30g，细砂糖 15g，脱脂奶粉 15g，盐 3g，黄油 15g，水 125g，干酵母 3g，红豆沙 350g

做　法：

1. 将高筋面粉、低筋面粉、糖、奶粉、盐和水倒入面包机中揉至扩展阶段，然后加入黄油揉至完全。

2. 将揉好的面团放入盆内，盖上保鲜膜发酵到两倍大。

3. 将发酵好后的面团取出，分成 7 小份，每一小份都滚圆后，盖上保鲜膜醒发 20 分钟左右，直至面团膨胀。

4. 等候面团膨胀期间，把红豆沙备好，也分成 7 份备用。

5. 将发好后的一小份面团按扁，把一份红豆馅放中间，面团四周往中间收口捏紧。

6. 其余 6 份按此方法捏好，放入烤盘中，盖上保鲜膜，二次发酵至面包膨胀到 1.5 倍左右（温度最好维持在 30 度左右）。

7. 在红豆饼上撒少许芝麻，然后在饼上铺一层油纸，找一个扁平的工具压在上边。

8. 烤箱预热至 190 度后将红豆饼放入烤箱中下层，烤 18 分钟左右即可。

食 材：

派皮部分：黄油 50g，消化饼干 100g，吉利丁片，鸡蛋两个，白砂糖 70g，鲜奶油 150g，青柠汁 40g

做 法：

1. 黄油融化，将消化饼擀成饼干屑，饼干屑倒入融化的牛油拌匀，铺在蛋糕模底压平。

2. 吉利丁泡冰水。

3. 蛋白打到 5 分发，水加入白砂糖煮沸，冲入蛋白中，边倒边高速打到 8 分发。

4. 蛋黄加细砂糖拌到发白，青柠汁煮开，冲入蛋黄液中，边冲边拌，加入无盐黄油与泡软的吉利丁。

5. 鲜奶油打发。

6. 蛋白霜分次拌入蛋黄糊中，再拌入奶油霜。

7. 冰箱冷藏到凝结，取出置于之前压好的饼干底上，用青柠片或其他水果装饰一下，美味的青柠慕斯派就做好啦。

青柠 / 慕斯派

巧克力

慕斯杯

食　材：细砂糖 20g，牛奶 200g，鸡蛋 1 个，吉利丁粉 4g，巧克力 100g，糖粉 20g，鲜奶油 200g

做　法：

1. 细砂糖加牛奶，小火煮至融化，慢慢倒入打发的蛋黄中拌匀，再加入吉利丁粉，搅拌至吉利丁融化。

2. 拌匀后，加入融化的巧克力和糖粉继续搅拌，再分次加入打发的鲜奶油拌匀。

3. 慕斯杯中注入做好的巧克力慕斯。（慕斯杯可以用巧克力模具做出的巧克力杯，若没有，用普通的玻璃杯代替也可）

4. 在慕斯表面随喜好洒上可可粉、鲜奶油、草莓、糖果等装饰品加以点缀，美观可口的巧克力慕斯杯就完成啦。

第六周
6th week

牛奶布丁

食　材：牛奶 200g，细砂糖 30g，淡奶油 90g，吉利丁粉 5g，水果少许

做　法：

1. 吉利丁粉凉水浸泡。

2. 小锅煮奶，加入淡奶油与细砂糖，搅拌均匀，小火煮溶。

3. 关火后倒入吉利丁溶液搅拌均匀，用过滤网过滤两遍，至顺滑无浮沫状态后将牛奶溶液倒入模具中。

4. 将模具放入冰水浸泡，待其迅速冷却后放入冰箱冷藏，至完全凝固后即可食用。

葡萄乳酪塔

食　材：

塔皮部分：低筋面粉 100g，无盐黄油 50g，蛋黄 1 个，水 10g，盐少许；

馅料部分：酸奶油 40g，细砂糖 20g，1/2 香草精，蛋黄 1 个，牛奶 40g，鲜奶油 50g，朗姆酒 1 匙，脱水牛奶 100g，乳清奶酪 100g，蜂蜜 1 匙，红绿葡萄适量，新鲜薄荷叶适量。

做　法：

1. 分离蛋黄和蛋清，黄油切小块软化，面粉过筛。

2. 在软化后的黄油中加入少量盐，搅拌均匀，之后加入蛋黄，搅拌至黄油完全乳化，分两次加水，筛入低粉，翻拌按压成光滑的面团（此处注意不要揉，一定是刮刀按压）。

3. 在面团上撒少许干粉，用保鲜膜包起来，放入冰箱冷藏至变硬（至少需1小时）。

4. 结束静置后，面团擀成3毫米厚的面皮，在面皮上叉上小孔，放到派盘模具上。面皮整理按压好，用擀面杖在模具上擀一擀，将多余的塔皮去除。再将模具放入冰箱冷藏30分钟左右直至定型变硬。

5. 变硬后取出，将剪好的烘焙纸盖在塔皮上，再压上重物放进预热180度的烤箱，直到塔皮边缘上色。

6. 取出塔盘，移走上边的重物和烘焙纸，刷上一层鸡蛋液，继续放回180度的烤箱，直到塔皮底部变成金黄色。

7. 接下来制作奶油馅，将酸奶油、细砂糖、香草精、蛋黄、牛奶、鲜奶油、朗姆酒放入容器中搅拌均匀，之后过筛液体。

8. 将奶油馅倒入烤好的塔皮中，放入预热至180度的烤箱中，烘烤25分钟左右直至馅料表面成凝固状态即可出炉，待其冷却后放入冰箱冷藏。

9. 将脱水酸奶，乳清奶酪和蜂蜜混合并搅拌均匀后涂抹在完全放凉的塔中，准备好葡萄，洗干净擦干切半，摆放到塔上，最后点缀一些薄荷叶即可。

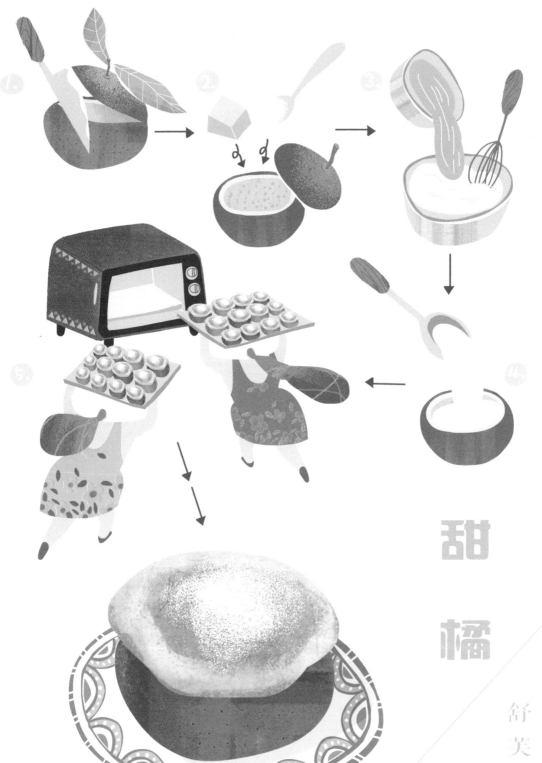

甜
橘

舒
芙
蕾

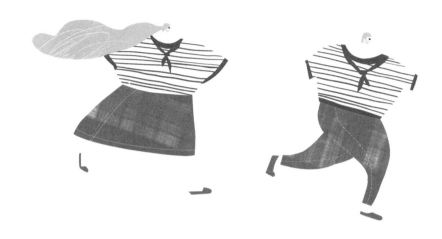

食　　材：低筋面粉 10g，白砂糖 25g，鸡蛋两个，橘子果酱 1 匙，牛奶 20g，黄油 20g，橘子 3 个，糖粉适量

做　　法：

1.将橘子洗净，用刀去掉顶部，即橘子的 1/3 处左右（注意：在切的过程中不要破坏橘皮，把果肉挖出来）。

2.在剩余 2/3 的橘皮内部涂抹黄油，撒上砂糖，放在一旁备用。将切下来的顶部橘皮切丁，用糖浸泡，制成糖渍橘皮。

3.将黄油融化成液体，依次加入牛奶、果酱、糖渍橘皮丁、过筛的低筋面粉、蛋黄，搅拌均匀。

4.蛋白打发至干性发泡状态，加入蛋黄糊搅拌均匀，倒入橘皮中，至九分满即可。放入预热好的烤箱 190 度 10 分钟，出炉后，撒少许糖粉，完成。

恶魔吐司

食　材：厚吐司两片，黄油10g，芝士两片，白砂糖1些

做　法：
1. 烤箱预热至180度，在吐司上刷一层黄油，放上芝士片，再均匀地撒上白砂糖。
2. 放入烤箱，烤至芝士和白砂糖大致融化，美味可口的恶魔吐司就做好啦。

蓝莓

乳酪派

Day 5

食　材：

派皮部分：黄油 70g，低筋面粉 110g，砂糖 40g，蛋黄 1 个；

馅料部分：奶油奶酪 80g，酸奶 50g，细砂糖 30g，鸡蛋 1 个，玉米淀粉 10g，盐 1g，蓝莓适量。

做　法：

1. 黄油室温软化，倒入低筋面粉和糖，用手搓成粗颗粒状，在搓匀的面粉里加入全蛋液。

2. 将面粉揉成团，时间不需太长，不光滑也可以，把面团放入冰箱冷藏 20 分钟以上。

3. 接下来要准备乳酪馅，将奶油和奶酪放入容器内，加入酸奶、细砂糖和盐，隔温水小火加热，用打蛋器搅拌至顺滑。

4. 离火后加入鸡蛋和玉米淀粉搅拌均匀备用。

5. 从冰箱中取出面团，擀成片状，把擀好的派皮铺到派盘上面，压紧。

6. 用擀面杖在派盘上压一下，去除多余的派皮，再在派皮底部用叉子扎出小孔。

7. 派盘内填入蓝莓。

8. 倒入乳酪糊，放入预热好的烤箱，调至 170 度，放入中层 35 分钟即可。

板栗番薯

糖水

食　材：番薯1个，芋头两个，板栗若干，生姜适量，冰糖适量，红糖适量

做　法：
1.将番薯、芋头洗净削皮切丁，板栗剥壳去皮备用。
2.高压锅放适量水，将生姜和之前备好的板栗、番薯和芋头一并放入锅中，按照个人喜甜程度放入冰糖和红糖，盖上锅盖，冒气后转小火煮8~10分钟即可。

草

莓

大
福

食　材：草莓 6 个，红豆沙 150g，糯米粉 100g，细砂糖 23g，纯净水 150g，玉米淀粉 15g

做　法：

1. 将草莓洗净去蒂，晾干备用。

2. 将红豆沙平分成 6 等份，用手搓圆压扁，放一颗草莓在中间，将豆沙饼收起包裹住草莓，露出草莓尖，放入冰箱冷藏。

3. 玉米淀粉盛盘，铺匀，放到微波炉中煨熟。

4. 将糯米粉和细砂糖搅拌均匀，加入纯净水，搅拌至无颗粒状态，盖上保鲜膜，放入微波炉，高火煨 2~3 分钟，直到糯米团呈透明成团状即可。

5. 取出面团后放置到盛有玉米淀粉的盘中滚一下，使面团四周沾满淀粉。

6. 手上沾玉米淀粉，将面团分成 6 等份，自上面下包裹住豆沙草莓团，收口捏紧，搓圆，外皮沾上一层玉米淀粉即可。

第七周

7th week

草莓 / 甜甜圈

Day 4

食　材：高筋面粉 550g，牛奶 250g，色拉油 30ml，糖 30g，盐一小匙，酵母 4g，鸡蛋两个

做　法：

1. 牛奶用微波炉稍微加热，将酵母、白糖和盐倒入其中，化开，静置 5 分钟。

2. 加入鸡蛋搅拌均匀。

3. 将牛奶糊加入面粉中，揉成均匀的面团，盖保鲜膜，放在温暖处发酵至两倍大。

4. 取出面团排气，松弛 10 分钟，擀成一厘米厚的薄皮，用甜甜圈模压出甜甜圈形状，再次醒发 15 分钟。

5. 锅内放入足量的油，中火加热，油微热时放入生胚，两面炸成金黄色即可出锅，放在吸油纸上吸掉多余的油脂，放在一旁备用。

6. 草莓巧克力隔热水融化后，涂抹到甜甜圈上，撒上少许彩色糖粒，等巧克力冷却即可食用。

Day 2

食　材（6寸）：

慕斯底部分：消化饼干 80g，黄油 40g；

慕斯部分：牛奶 100g，百香果泥 80g，蛋黄两个，细砂
　　　　　糖 80g，吉利丁粉 7g，水 130g，淡奶油 200g；

镜面部分：百香果汁 30g，细砂糖 30g，吉利丁粉 3g。

做　法：

1. 将消化饼干在碗中捣碎，加入融化后的黄油搅匀，倒入模具
中压实。

2. 将吉利丁粉倒入 70g 水中搅匀，放入冰箱冷藏待用。

3. 将两个蛋黄和 40g 细砂糖放入盆中搅拌，再倒入百香果果泥
搅匀。

4. 将牛奶和 40g 细砂糖在锅中煮沸后，趁热慢慢倒入果泥蛋糊
中，边倒边搅拌，将牛奶倒尽后，再将果泥混合物煮沸成为百
香果酱。

5. 待稍稍冷却后倒入冷藏的吉利丁搅拌均匀，备用。

6. 淡奶油打至 6 分发，随后倒入百香果酱中搅拌均匀。

7. 倒入铺有饼干底的模具中，放入冰箱冷藏两个小时。

8. 接下来要制作百香果镜面，将吉利丁粉倒入 30g 水中搅拌均
匀，冷藏待用。

9. 水、百香果汁和细砂糖各 30g 倒入锅中煮沸，微凉后倒入吉
利丁搅匀，用过滤网过滤。

10. 待完全冷却后，淋在冷藏后的慕斯上。

11. 最后在镜面上点缀几颗百香果籽作装饰，放入冰箱冷藏一夜，
隔天取出脱模，美味的百香果慕斯就做好啦。

百香果

慕 斯

蓝莓

曲奇

食　材：低筋面粉 100g，杏仁粉 80g，细砂糖 50g，肉桂粉 5g，食盐一小匙，无盐黄油 60g，鸡蛋 1 个，牛奶 10g，蓝莓酱适量

做　法：

1. 将低筋面粉、杏仁粉、细砂糖、肉桂粉、食盐混合过筛，将无盐黄油切成 1 厘米左右大小的小块儿，放入混合粉中。用手对搓成混合均匀的粒状油酥。

2. 加入鸡蛋和牛奶，用刮刀搅拌至无干粉状。

3. 取出揉成团。

4. 将面团分割成 10 克左右的小块儿，揉成球状。

5. 用擀面杖细头醮面粉在小球中央轻轻按压出深 1 毫米左右的小坑。

6. 将蓝莓果酱装入裱花袋，挤出填满小坑。

7. 将曲奇摆到铺好油纸的烤盘中。

8. 预热烤箱，调至 160 度，将烤盘放入烤箱中层，烤制 15 分钟，取出晾凉后，即可食用。

低筋面粉　　杏仁粉　　细砂糖　　肉桂粉　　食盐　　无盐黄油

香 橙

软 面 包

清水

高筋面粉　全麦面包粉　　　Orange juice　　盐　糖

橙汁

老面团

食　材：高筋面粉 200g，全麦面包粉 100g，老面团 100g，橙皮屑 20g，橙汁 50g，水 100g，干酵母 5g，盐 5g，糖 30g，黄油 40g

做　法：

1. 将香橙洗净，用削皮刀擦成碎屑。

2. 将除黄油以外的所有食材放入面包机中揉 3 分钟，再将老面团撕成小块放入，再揉 10 分钟，放入黄油继续揉 20 分钟即可。

3. 将揉好的面团包上保鲜膜，室温发酵至两倍大，然后将面团排气，盖上保鲜膜继续醒发 15 分钟。

4. 将发酵好的面团平分成 3 个小面团。

5. 取一个面团，擀成两头窄中间宽的薄片。

6. 将薄片卷起，收口处捏紧，再将两头搓尖。

7. 向内侧成对角的牛角型，将三个面团逐一做成型后，放入烤盘，二发结束后筛上低筋面粉，用很快的刀割出面包上的道，烤箱内放入一碗水，保持湿度发酵 40 分钟。

8. 将发酵好的生坯取出，烤箱中放半碗冷水保持烤箱湿度，烤箱预热 200 度，上下火中层烤 20 分钟左右，清香松软的香橙软面包就做好啦。

毛毛虫

面 包

Day 5

食　材：（面包）高筋面粉 250g，白糖 50g，酵母粉 3g，盐 3g，奶粉

10g，蛋液 20g，清水 150g，黄油 20g；

　　　　（泡芙面糊）高筋面粉 40g，蛋液 50g，黄油 40g，色拉油

40g，清水 75g。

做 法：

1. 除黄油外，将所有面包所需食材倒入面包机，混合揉匀至稍具延展性，加黄油揉至可拉出透明薄膜的扩展阶段，和面完成后在面包机里直接发酵至 2.5 倍大。

2. 排气，分成 6 等份小面团，盖上保鲜膜室温松弛 15 分钟。

3. 取一块小面团，擀成长方形。

4. 把底边压扁，卷成筒状，捏紧收口处，滚匀。

5. 依次做好其余 5 个，放入烤箱，用烤箱的发酵功能，温度 35 度，进行 30 分钟左右的发酵，最后发酵至两倍大。（注：放一盆热水在箱底，这样发出来的面团湿度适度）

6. 等待面团发酵的时间我们用来做泡芙面糊。将面糊所需的色拉油、黄油、清水都倒入小锅中，小火煮沸并不断搅拌，再将高筋面粉加入，迅速搅匀关火。

7. 离火后用打蛋器搅打面糊，温度降至不烫手时分次加入蛋液搅打均匀。

8. 面糊拌好后装入裱花袋中备用。

9. 等面团发酵好后，刷蛋液，挤上泡芙面糊。

10. 烤箱预热 180 度，调至中层上下火，15 分钟左右即可。

法式焦糖

朗姆香蕉

Banana

食　材：香蕉两个，黄油 15g，白砂糖 20g，黑糖 10g，朗姆酒 10g，水 20g，杏仁片、果干若干

做　法：

1. 将香蕉去皮去筋，切段备用。

2. 以大火加热平底锅，将黑糖、白糖、黄油倒入锅中，待变成茶色后，放入香蕉。

3. 朗姆酒和水混合（直接用朗姆酒加热会燃烧起来，所以先用水混合后再使用），待香蕉出现焦色时加入酒水混合液。

4. 加热至汤汁减半，酒精挥发掉，将平底锅放斜，使香蕉能粘裹上焦糖。

5. 取出香蕉，将汁水淋至香蕉上，撒上适量杏仁片及果干儿装饰摆盘即可。

明目冰糖

雪梨汤

食　材：杭白菊 25 朵，金银花 5g，雪梨 3 个，老冰糖 30g，枸杞 15g，水 1000ml

做　法：

1. 将雪梨洗净，去皮切块备用。

2. 将水煮沸，在锅中放入金银花、杭白菊，小火焖煮十分钟左右。

3. 将杭白菊和金银花滤出，再放入雪梨、老冰糖，煮开转小火炖半小时左右即可，将枸杞洗净，在关火前五分钟放入。明目养颜的冰糖雪梨汤就做好啦。

第八周
8th week

狮子吐司

Day 1

食　材：厚吐司1片，鸡蛋1个，芝士1片，海苔碎适量，花生酱1勺，肉松适量

做　法：

1.吐司选最边上带面包皮的那片，用圆形模具切好。

2.在圆吐司表面抹上花生酱，用勺子抹平整，吐司周围粘上一圈肉松，用巧克力酱画出狮子五官的形状，再用糖粒点缀，萌萌的狮子吐司就做好啦。

蛋黄／月饼

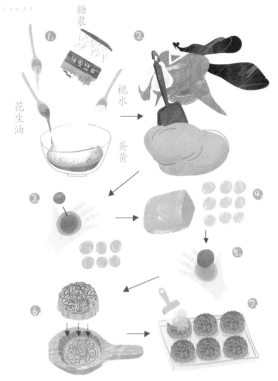

Day 2

食　材：

饼皮：中粉 150g，转化糖浆 115g，花生油 50g，枧水 5g，吉士粉 5g

馅料：咸蛋黄 20 个，白莲蓉 550g

其他：鸡蛋一个

做　法：

1. 首先制作饼皮。将糖浆、花生油、枧水和吉士粉倒入碗中搅拌均匀。

2. 在步骤 1 中加入面粉，用刮刀拌匀成团。将面团用保鲜膜包好，室温松弛两小时以上。

3. 接下来是分割皮馅的阶段，将皮馅根据 3:7 的比例来准备，每个月饼馅料部分为蛋黄加白莲蓉共 35g，饼皮 15g。在饼皮面团松弛阶段，我们可以先来分割馅料，将一个个咸蛋黄用莲蓉包住，分割好后加盖保鲜膜放置一旁备用。

4. 分割松弛好的面团，分割好后同样加盖保鲜膜置于一旁备用。

5. 皮馅都分割好后，取饼皮，用大拇指把中间部分压扁。加入馅料，用虎口把饼皮慢慢包裹住馅料，手法类似包汤圆。

6. 将包好的月饼放入模子中压出花纹（如果月饼有些粘可以在模具周围薄刷一层油）。

7. 月饼压好之后，先放入烤箱 200 度，烤 5 分钟定型，取出，在月饼表面刷少量蛋黄液，然后放回烤箱用 180 度烤，15 分钟即可。

全麦南瓜

松饼

Day 3

食　材：全麦粉 100g，牛奶 250g，南瓜 150g，鸡蛋 1 个，肉桂粉适量

做　法：

1. 将南瓜洗净去皮切片，用高压锅蒸煮，取出后用勺子或刮刀按压成泥状，加入蛋液和牛奶搅拌均匀。

2. 加入混合好的全麦粉和肉桂，轻轻拌匀至黏稠的糊状。

3. 往平底锅倒入少量油，舀一勺面糊倒入锅中，用小火煎至表面有小气泡，外围基本成型后，翻转面饼，煎至两面呈焦黄色出锅装盘，最后可随心情在松饼顶部点缀上少许水果、蜂蜜或奶油即可。

乌梅夏汤

Day 4

食　材：乌梅 70g，甘草 15g，山楂 40g，百合 15g，红枣 20g，冰糖适量

做　法：

1. 将所有食材洗净，用温水浸泡半小时左右。

2. 锅中倒水烧开，先将乌梅放入煮 5 分钟，依次倒入其他食材，用小火熬煮 1 小时左右，如果喜甜口味，可在小火熬煮前加入适量冰糖，或者在夏汤晾凉后加入适量蜂蜜均可。

罗马盾牌

饼干

D a y   5

食　材：

饼干部分：黄油 50g，糖粉 40g，低筋面粉 100g，蛋白 1 个

饼干馅：黄油 20g，糖粉 25g，麦芽糖 20g，杏仁片适量

做　法：

1. 首先制作饼干部分：黄油软化后加糖粉打发，少量多次加入蛋白，每次加入前都要充分打至蓬松。

2. 倒入过筛的低筋面粉，搅匀至无干粉的糊状。

3. 将面糊装入裱花袋，在烤盘中垫上油纸，双手旋转着将面团挤成椭圆形的圈状，注意要把封口封好以免露馅。

4. 接下来是馅料的部分：黄油切成小块，和麦芽糖一并放入锅中，隔热水加热至液态，关火，加入糖粉和杏仁片拌匀，利用锅内的余温将内馅保温。

5. 用汤匙挖些馅料填入饼干圈内，不要填得太满，要少量。

6. 烤箱预热至 160 度，烤 15~20 分钟直至饼干上色即可。

糖粉

蛋白

黄油

杏仁片

话梅

小番茄

Day 6

食　材：小番茄 500g，话梅 10 颗，冰糖 10g，柠檬 1/2 个

做　法：

1. 锅中倒水，烧开，先放入圣女果，用大火煮至其开裂，后捞出沥水剥皮。

2. 重新在锅中倒水烧开，放入话梅和冰糖，待话梅飘出香味后关火晾凉。

3. 将小番茄和话梅放入密封罐中，挤入柠檬汁（没有柠檬可用果醋代替），放入冰箱冷藏后即可食用。

葡萄

朗姆酥

Day 7

食　材：葡萄干 40g，朗姆酒 1 大勺，低筋面粉 100g，无盐黄油 70g，糖粉 40g，泡打粉 5g，杏仁粉 10g

做　法：

1. 将葡萄干切成碎粒状，加朗姆酒浸泡 10 分钟左右。

2. 无盐黄油室温软化，加入糖粉，用搅拌机快速打发至糊状。

3. 在黄油糊中加入过筛的低筋面粉，接着加入泡打粉和杏仁粉，搅拌均匀后倒入泡好的朗姆葡萄干，用刮刀翻搅成均匀的面团，用保鲜膜将面团包裹好，冷藏松弛 30 分钟后取出。

4. 将面团分成 10g 左右的小团，搓成球状。

5. 烤箱预热 3 分钟，然后上下火调至 180 度，烤 20 分钟即可。

第九周

9th week

水晶棒棒糖

食　材：珊瑚糖 170g，纯净水 40g，可食用花瓣若干（可用糖粒代替）

做　法：

1. 模具涂上脱模油。

2. 混合珊瑚糖和水，直接调至中大火加热，直到 165 度离火（加热时不要搅拌）。

3. 离火后，轻晃小锅让糖浆冷却至不再冒泡，将锅快速置于冷水中，反复几次，可快速消泡（时间不要长，以避免糖浆变硬）。

4. 待气泡消失后，倒入模具，第一次先倒入模具的 1/2，待糖浆稍稍冷却变硬后，放入花瓣或彩色糖粒，然后放入纸棒，最后倒入糖浆填满剩下的 1/2 模具。待冷却定型后脱模即可。

香炸苹果圈

食 材：苹果两个，鸡蛋两个，面粉 1 小碗，面包糠 1 小碗

做 法：

1. 将苹果洗净去皮，用模具除去中间的果肉（如果没有模具可以用勺子挖）。

2. 将鸡蛋打散，苹果圈放入面粉中裹一圈，再放入蛋液中浸湿，最后裹一层面包糠。

3. 锅里倒油，烧至 6 成热，放入裹好的苹果圈，炸至两面金黄即可起锅（怕胖的朋友记得用厨房纸吸去苹果圈的多余油脂）。

星空羊羹

Day 3

食材:

红豆层: 红豆沙 300g, 琼脂粉 30g

牛奶层: 牛奶 50g, 琼脂粉 4g

浅蓝层: 纯净水 160g, 食用色素少许, 白砂糖 10g, 琼脂粉 15g;

深蓝层: 纯净水 370g, 食用色素少许, 白砂糖 25g, 琼脂粉 25g。

做 法:

1.首先做红豆层。将红豆沙（超市买的红豆沙就可以，如果是自己熬煮的红豆沙要加入适量砂糖，这样口感更佳）和琼脂粉放入锅中，倒

入少量水，用小火加热至融化，有小泡沸起时倒入碗中，静置片刻，待其凝固。

2. 在等待红豆层凝固期间，我们来做牛奶层，牛奶层制作方法同上，将牛奶和琼脂粉加热至融化，然后小心地倒入碗中，避免破坏尚未完全凝固的红豆层。

3. 接下来是浅蓝层，在纯净水里加一点点色素，然后加入白砂糖和琼脂粉，用小火加热至融化，倒入碗中，撇去浮沫，可以趁还未完全凝固时点缀上一些装饰糖粒或者椰蓉。

4. 最后是深蓝层，步骤同上，加色素时可以比上一步骤多一些，调制出深一些的颜色，这样做出的羊羹颜色会有过度差，比较美观，此步骤中也可以撒一些糖粒做装饰。

5. 全部做好后放入冰箱冷藏 3 小时以上，即可食用。

团圆八宝饭

食　材: 糯米 150g, 色拉油 1 小匙, 白糖适量, 红枣、葡萄干、核桃、杏干适量、瓜条适量

做　法;

1. 糯米提前一晚浸泡, 第二天捞起沥干, 上锅蒸熟。

2. 熬制猪油, 将猪肥肉切小块和小半碗水一同放入锅中熬制。

3. 熬好后的猪油成奶白色。

4. 准备一个比较深的大碗, 在碗中刷上一层猪油。

5. 将红枣、葡萄干等果脯干果按个人喜好铺放在碗中。

6. 把蒸好的糯米饭趁热加白糖和猪油拌匀。

7. 取一部分拌好的糯米团成一团, 放入碗里, 再向四边按压开, 注意力度要轻, 以免破坏铺好的果干造型。

8. 碗中加入豆沙。

9. 在豆沙上铺上一层糯米, 上锅蒸 15 分钟左右, 出锅。

10. 将蒸好后的糯米饭, 盖一个平盘, 翻过来, 将糯米饭倒扣在平盘上即可。

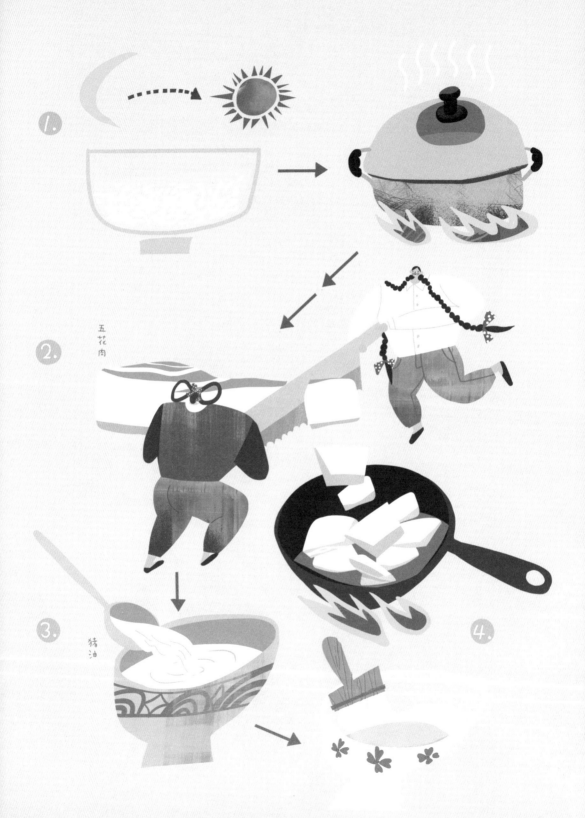

1.

2.

五花肉

3.

猪油

4.

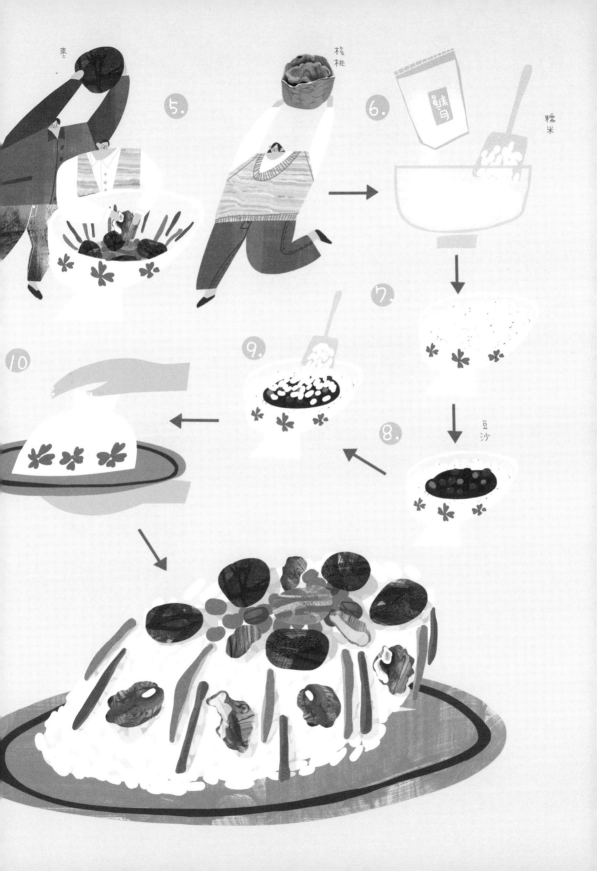

巧克力

朗姆球

Day 5

食　材：8寸戚风蛋糕1个，无盐黄油200g，朗姆酒两大匙，巧克力适量，糖粉50g，蜂蜜50g，核桃100g，装饰糖粒适量

做　法：

1. 将戚风蛋糕切成小块，核桃烤熟后切碎。

2. 无盐黄油室温软化，加入糖粉打发，加入蜂蜜继续拌匀。

3. 在蛋糕丁中加入打发的黄油和两匙朗姆酒，搅碎，再加入核桃碎，充分搅拌均匀。

4. 将搅拌好的蛋糕馅料，揉成直径约 2 厘米的小球，盖上保鲜膜，放入冰箱冷藏 1 小时。

5. 巧克力隔水融化，从冰箱中取出蛋糕球，将巧克力均匀地淋在球上，使蛋糕球四周沾满巧克力，撒上糖粒，放在盘中。

6. 待巧克力球稍微凝固后，放入冰箱冷藏后即可食用。

酸奶红薯泥

Day 6

食　材：红薯 1 个，酸奶 1 小盒，干果或水果丁若干

做　法：

1. 红薯上锅蒸熟，去皮后压成泥状。
2. 将压好的红薯泥团成团，如果比较粘可以借助保鲜膜。
3. 最后在红薯泥上淋上酸奶，再点缀少许干果或水果丁即可。

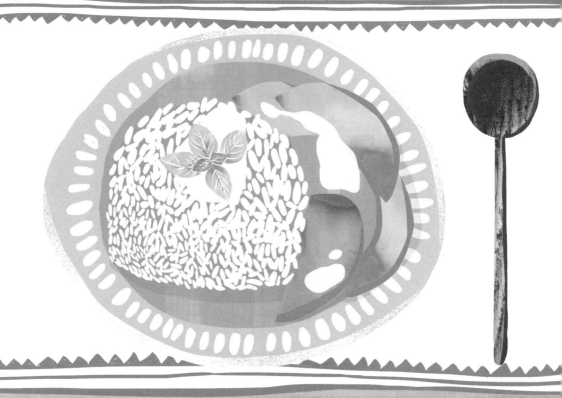

芒
果/

糯米饭

食 材：糯米 150g，椰浆 200g，玉米淀粉 10g，糖 15g，盐 5g，芒果 1 个

做 法：

1. 糯米冷水浸泡至少 3 小时。

2. 锅中倒入椰浆、糖和盐，加热至糖融化。然后取四分之三左右的椰浆倒入泡好的糯米中，上锅蒸熟。蒸好后的糯米饭用饭勺拌松，盛入碗中压实，然后倒扣在盘子里。

3. 芒果洗净去皮，切片，摆放到糯米饭周围。

4. 最后将剩余的四分之一椰浆淋在米饭上即可食用。

后 记
Postscript

　　两年前的某一天，记不清是哪一天，可能是夏天或冬天，小婧（我的编辑）找到我，同我提议想出一本甜品书。因为当时的我沉迷于绘制美食插图不可自拔，本着独乐乐不如众乐乐的想法，我决定把我对美食的沉醉呈现给同样热衷美食的你，于是《一天一甜》慢慢成型。

　　《一天一甜》是一本介绍甜品的书，以天为单位，每天介绍一道甜品，或简单或复杂，书中记录了每道甜品的制作过程，听起来像是食谱但我更想将它定义为绘本，甜品绘本。在《一天一甜》中我描绘的是我脑海中的甜品世界，在我的世界中每道甜品都有属于它们自己的小故事，比如毛毛虫面包其实是骑士呈给公主的献礼，这里的公主可能是个馋嘴的女孩，也可能是个独爱面包的挑嘴姑娘，骑士们可能经过了跋山涉水，斩杀了恶龙才获得了毛毛虫面包，但究竟这道甜品背后隐藏了怎样的曲折故事，需要看书的你去细细体会。希望看过这本书的你，在收获一纸甜蜜之余，还能读出甜品背后专属于你的小故事。

　　一书一世界，一甜一故事，送给可爱的你们。

图书在版编目（ＣＩＰ）数据

　　一天一甜：biiig bear的暖心甜品绘 / biiig bear著. -- 南昌：
江西美术出版社, 2017.8
　　ISBN 978-7-5480-3602-9

　　Ⅰ.①一… Ⅱ.①b… Ⅲ.①甜食—制作 Ⅳ.①TS972.134

中国版本图书馆CIP数据核字(2017)第125642号

出 品 人：汤 华
责任编辑：方 姝 邱 婧
责任印制：谭 勋
书籍设计：林思同 + 先锋设计

一 天 一 甜 | biiig bear 暖心甜品绘
Daily Sweetness with Dessert

著　　者：赵甜珊
出　　版：江西美术出版社
社　　址：南昌市子安路66号
网　　址：www.jxfinearts.com
电子信箱：jxms163@163.com
电　　话：0791－86565703
邮　　编：330025
经　　销：全国新华书店
印　　刷：浙江海虹彩色印务有限公司
版　　次：2017年8月第1版
印　　次：2017年8月第1次印刷
开　　本：787×1092　1/16
印　　张：9.75
ISBN 978-7-5480-3602-9
定　　价：58.00元

请扫下面二维码　一起聊聊手绘吧
微信　　　　微博

婧婧书　　　　@Q__June